ICS 93.160
P55
备案号：69681－2020

DB21

辽 宁 省 地 方 标 准

DB21/T 3217—2019

水工混凝土雷达法检测应用技术规程

Technical specification for application of hydraulic concrete radar detection

2019-12-20 发布   2020-1-20 实施

辽宁省市场监督管理局 发 布

图书在版编目(CIP)数据

水工混凝土雷达法检测应用技术规程/辽宁省水利水
电科学研究院有限责任公司编. —郑州：黄河水利出版
社，2020.6
ISBN 978 - 7 - 5509 - 2698 - 1

Ⅰ.①水… Ⅱ.①辽… Ⅲ.①雷达探测 - 应用 - 水
工结构 - 混凝土结构 - 性能检测 - 技术规范 - 辽宁
Ⅳ.①TV331 - 65

中国版本图书馆 CIP 数据核字（2020）第 112073 号

出 版 社：黄河水利出版社　　　　　　　　网址：www.yrcp.com
　　　　　地址：河南省郑州市顺河路黄委会综合楼14层　邮政编码：450003
发行单位：黄河水利出版社
　　　　　发行部电话：0371 - 66026940、66020550、66028024、66022620（传真）
　　　　　E-mail：hhslcbs@126.com
承印单位：虎彩印艺股份有限公司
开本：890 mm×1 240 mm　1/16
印张：2
字数：60 千字　　　　　　　　　　　　印数：1—1 000
版次：2020 年 6 月第 1 版　　　　　　　印次：2020 年 6 月第 1 次印刷
责任编辑：冯俊娜　　　　　　　　　　　封面设计：李鹏
责任校对：兰文峡　　　　　　　　　　　责任监制：常红昕

定价：30.00 元

目　次

前　　言

本规程按照 GB/T 1.1 给出的规则起草。

本规程由辽宁省水利厅提出并归口。

本规程主要由辽宁省水利水电科学研究院有限责任公司起草。

辽宁江河水利水电新技术设计研究院有限公司、辽宁江海水利工程公司、辽宁省安全科学研究院参与起草。

本规程主要起草人为王健、周凯、汪玉君、富天生、宗兆博、汪魁峰、苏炜焕、王惟一、徐志林、王兴华、马洪山、曹云龙、周旭、张红亮、杨毅、高宽、关凯伦、华玉多、余尚合、徐广忠、潘琼芝、程雪、李博研、刘志宏、王刚、刘开坤、田原、赵雪石、胡庆武、王俊达、雷炎、王昱杰、韩立东、孙凤利、孔德栋、郭雨明、马铁员、马路、贾皓翔、李根、林志文、孙会堂、吴永跃、赵宇、于秀英、刘芃呈、关守安、李岐。

本规程发布实施后，任何单位和个人如有问题和意见建议，均可以通过来电和来函等方式进行反馈，我们将及时答复并认真处理，根据实际情况依法进行评估及复审。

归口管理部门通讯地址和联系电话：辽宁省沈阳市和平区十四纬路 5 - 6 号，024 - 62181315。

规程起草单位通讯地址和联系电话：辽宁省沈阳市和平区十四纬路 5 - 4 号，024 - 62181253。

水工混凝土雷达法检测应用技术规程

1 总 则

本规程规定了水工混凝土结构雷达法检测应用的程序、方法、数据处理、成果及质量评价等。

本规程适用于检测水工混凝土内部钢筋布置（钢筋的数量、钢筋的混凝土保护层厚度、钢筋间距）、混凝土内部缺陷（振捣不实、空洞、夹层）、混凝土背部脱空、混凝土厚度（衬砌厚度、底板厚度、路面厚度）、混凝土与非混凝土粘接（衬砌与围岩粘接、底板与基础连接）情况等，钢拱架、管线、电缆检测可参照。

2 规范性引用文件

下列文件对于本规程的应用是必不可少的。凡是注明日期的引用文件，仅注日期的版本适用于本规程；凡是不注日期的引用文件，其最新版本适用于本规程。

SL 326 水利水电工程物探规程

SL 436 堤防隐患探测规程

SL 632 水利水电工程单元工程施工质量验收评定标准 混凝土工程

SL 713 水工混凝土结构缺陷检测技术规程

SL 734 水利工程质量检测技术规程

DL/T 5299 大坝混凝土声波检测技术规程

JGJ/T 152 混凝土中钢筋检测技术规程

TB 10223 铁路隧道衬砌质量无损检测规程

3 术 语

3.1 雷达法 radar method

利用雷达发射天线向地下发射高频脉冲电磁波，由接收天线接收目标体的反射电磁波，探测目标体分布的一种勘探方法。

3.2 测试线 test line

为达到检测目的和满足检测要求而设置的辅助线。

3.3 检测线 detection line

完成检测目的和检测要求必须的检测成果线。

3.4 检测筋 detection concrete steelbar

检测方案中要求待检测的钢筋。

3.5 干扰筋 interfere concrete steelbar

除检测方案中待检测钢筋外的其他钢筋。

3.6 点检测法 point – detection method

钢筋布置检测方法中，以测区命名，检测 7 根钢筋布置数据的检测方法。

3.7 线检测法 line – detection method

钢筋布置检测方法中，以检测单元命名，取得整条测线钢筋布置数据的检测方法。

3.8 检测值 detection value

采用仪器、工具等设备直接测得的未经过加权修约的结果值。

3.9 一线法 one-line method

布置一条检测线的检测方法。

3.10 五线法 five-lines method

布置五条检测线的检测方法。

4 符号

ε_r——混凝土相对介电常数；

c——真空中的电磁波速度，3×10^8 m/s；

t——电磁波从顶面到达底面再返回顶面的时间，s；

h——已知的混凝土结构厚度，m；

v——混凝土介质中的电磁波速度，m/s；

ω——时窗长度，s；

α——调整系数，混凝土介质中电磁波速度与目标体深度变化所留出的残余值，可取 1.3 ~ 2.0；

h_{max}——拟检测目标体的最大深度，m；

S_p——雷达波最小采样点数；

f——天线中心频率，Hz；

Δt——时间采样率，s；

V_x——天线移动速度，m/s；

S_c——天线扫描速率，Hz；

d_{min}——检测目标体最小尺度，m；

$s_{m,k}$——钢筋平均间距，精确至 1 mm；

s_k——第 k 个钢筋间距，精确至 1 mm；

$s_{m,i}$——钢筋平均保护层厚度，精确至 1 mm；

s_i——第 i 个钢筋保护层厚度，精确至 1 mm；

n——钢筋数量，根。

5 基本规定

5.1 检测工作准备

5.1.1 检测前应调查工程建设基本情况，收集与待检测区域有关的技术资料。

5.1.2 可踏勘现场，实地调查工程周边环境情况。

5.1.3 应明确检测目的和技术要求，调查检测方法的适用条件，制定合理的检测方案。

5.1.4 检测机构应符合相应的资质要求。

5.1.5 检测及审核人员应参加培训。

5.2 检测方案编制

5.2.1 应根据收集资料的情况和现场调查结果，充分考虑各种因素，编制全面、可行的检测方案。

5.2.2 水工混凝土雷达法检测方案宜执行 DL/T 5299 中 3.4 节的规定。

5.3 仪器设备

5.3.1 仪器设备应检定或校准。

5.3.2 主要检测仪器和设备应符合 SL 713 规定，包括雷达主机、电脑、天线、数据采集及分析处理系统等。

5.3.3 雷达检测系统主要性能及技术指标应符合 SL 326 规定。

5.3.4 雷达天线的选择应符合下列要求：

　　a）可采用不同频率或不同频率组合，应根据检测任务要求、目标体埋深、分辨率、介质特性及天线尺寸是否符合场地条件等因素综合确定。

　　b）应具有屏蔽功能，探测的最大深度应大于缺陷体埋深，垂直分辨率宜优于 2 cm。

　　c）应根据检测的目标体深度和现场具体条件，选择相应频率天线。在满足检测深度的要求下，宜使用中心频率较高的天线。

　　d）根据中心频率估算出的检测深度小于缺陷体埋深时，应适当降低中心频率，以获得适宜的探测深度。

　　e）进行混凝土内部缺陷、厚度检测时宜选用与检测精度要求相对应的天线。

　　f）进行钢筋布设检测时宜选用与检测精度要求相对应的天线。

5.3.5 仪器参数选取

　　a）相对介电常数。

$$\varepsilon_r = (\frac{ct}{2h})^2 \tag{5.3.1}$$

式中　ε_r ——混凝土相对介电常数；

　　　c ——真空中的电磁波速度，$c = 3 \times 10^8$ m/s；

　　　t ——电磁波从顶面到达底面再返回顶面的时间，s；

　　　h ——已知的混凝土结构厚度，m。

　　b）电磁波波速。

$$v = \frac{2h}{t} \tag{5.3.2}$$

式中　h ——已知的混凝土结构厚度，m；

　　　t ——电磁波从顶面到达底面再返回顶面的时间，s。

　　c）时窗长度估算。

$$\omega = \alpha \frac{2h_{max}}{v} \tag{5.3.3}$$

式中　ω ——时窗长度，s；

　　　α ——调整系数，混凝土介质中电磁波速度与目标体深度变化所留出的富余值，可取 1.3 ~ 2.0；

　　　h_{max} ——拟检测目标体的最大深度，m；

　　　v ——混凝土介质中的电磁波速度，m/s。

　　d）每道雷达波形最小采样点数。

$$S_p = 10\omega f \tag{5.3.4}$$

式中　S_p ——雷达波最小采样点数；

　　　ω ——时窗长度，s；

　　　f ——天线中心频率，Hz。

e）时间采样率。

$$\Delta t \leqslant \frac{1}{6 \times 10^6 f} \qquad (5.3.5)$$

式中　Δt——时间采样率，s；

　　　f——天线中心频率，Hz。

f）移动速率。

$$V_x \leqslant \frac{S_c d_{\min}}{20} \qquad (5.3.6)$$

式中　V_x——天线移动速度，m/s；

　　　S_c——天线扫描速率，Hz；

　　　$d_{\min}$——检测目标体最小尺度，m。

5.4　现场检测

5.4.1　应现场踏勘，尽量规避测线附近的金属物，根据检测环境和检测目的正确合理地布置测线。

5.4.2　雷达系统连接

a）应检查雷达主机、电脑、天线，使之处于正常状态；

b）仪器的信号增益应保持信号幅值不超出信号监视窗口的3/4，天线静止时信号应稳定。

5.4.3　介质参数标定

a）可采用在材料和工作环境相同的混凝土结构或钻取的芯样上进行测试；

b）记录中的雷达影响图界面反射信号应清楚、准确；

c）测试值应不少于3次，单值与平均值的相对误差应小于5%，其计算结果的平均值作为标定值。

5.4.4　检测过程

a）宜确保检测区域表面无颗粒杂物或障碍物，保持检测表面平整；

b）支撑天线的器材应选用绝缘材料，天线操作人员不应佩戴含有金属成分的物件，应与天线保持相对固定的距离；

c）检测过程中，应保持天线的平面与检测平面基本平行，距离相对一致；

d）天线应与混凝土表面贴壁良好，沿测线匀速、平稳滑行；

e）同类测线的数据采集方向宜一致。

f）应规避影响检测结果的影响源，选择电磁波环境较简单的区域布置测线。无法规避时应做好记录。

5.4.5　检测记录

a）记录应包括测线号、方向、标记以及天线频率；

b）应随时记录可能对探测产生电磁影响的物体和位置；

c）数据记录应完整，信号清晰，桩号准确；

d）应标记检测位置。

5.5　数据处理与解析

5.5.1　原始数据处理前应核验，数据记录完整、信号清晰，标记位置应准确无误。

5.5.2　原始记录应清晰、规范，需要修改时应杠改并由本人签字。

5.5.3　应对采集的数据进行滤波处理。

a）根据检测的实际采集情况，选择合适的滤波方式，滤波方式可选择低通、高通、带通滤波等；

b）根据不同的天线初选滤波参数，可根据需要选取删除无用道、水平比例归一化、地形校正、偏移、点平均、叠加、反褶积等处理方法；

c）对数据进行频谱分析，得到较为准确的频率分布，设定滤波参数，进行滤波处理等；

d）根据实际需要，应对采集的数据进行适当的增益处理，增益方式可选择：线性增益、平滑增益、反比增益、指数增益、常数增益等；

e）根据实际情况，宜对采集的数据有选择地进行反滤波等；

f）应对图像进行增强处理。振幅恢复、将同一道不同反射段内振幅值乘以不同权系数、将不同道记录的振幅值乘以不同的权系数等方法，结合多个相邻剖面雷达图像，找到数据之间的相关性。

5.5.4 结合现场的实际情况，将检测区域表面情况和实际探测图像进行比对分析。将检测到的雷达图和经典验证的雷达图比对分析。

5.5.5 雷达图像解释时应通过综合资料，充分考虑探测结果的内在联系并排除可能存在的干扰因素。

5.6 检测成果提交

5.6.1 应给出检测线典型雷达成果图或检测成果表，见附录 A 及附录 B。

5.6.2 点检测法应列出每个点值及合格率。

5.6.3 线检测法应给出测线内最大值、最小值、平均值及合格率。

6 钢筋布设检测

6.1 一般规定

6.1.1 本章适用于检测水工结构混凝土中钢筋保护层厚度、钢筋间距、钢筋数量等参数。钢拱架可参照。不适用于含有大范围金属、铁磁性物质的混凝土。

6.1.2 应根据钢筋设计资料，确定检测区域内钢筋可能分布的状况，选择适当的检测面。检测面应清洁、平整，并应避开金属预埋件，对于有饰面层的结构及构件，应清除饰面层后在混凝土面上进行检测。

6.1.3 测线宜垂直于被检测区域钢筋方向。钻孔、剔凿时，不得损坏钢筋，实测应采用游标卡尺，量测精度应为 0.1 mm。

6.1.4 遇到下列情况之一时，应选取不少于 30% 的已测钢筋，且不少于 6 处（当实际检测数量不到 6 处时应全部选取），采用钻孔、剔凿等方法验证：

a）认为相邻钢筋对检测结果有影响；

b）钢筋实际根数、位置与设计有较大偏差或无资料可提供参考；

c）混凝土含水率较高；

d）钢筋以及混凝土材质与校准试件有显著差异。

6.2 检测方法

6.2.1 点检测法

a）在检测部位，根据钢筋可能分布的方向平行待检筋布设 3 条测试线，标记出相邻的 4 根干扰筋位置；

b）在已标记的 4 根干扰筋，两两钢筋之间分别布置检测线，检测线长度均为 7 根钢筋信息，检测线从同一桩号开始至同一桩号结束，天线探测方向相同；

c）检测线结果作为最终检测成果，详细记录混凝土表面外观，周围可能影响的干扰源、起点桩号、结束桩号、天线行走的过程，记录表格见附录 C 中表 C.1.1；

d）回放检测结果图像，保证采集数据准确无误。

6.2.2 线检测法

a）根据钢筋可能分布的方向平行待检筋布设 2 条测试线，标记出相邻的 2 根干扰筋位置；

b）在已标记的 2 根钢筋之间布设检测线，检测线长度应符合技术要求及委托要求；

c）检测线总长为检测成果，详细记录混凝土表面外观，周围可能影响的干扰源、起点桩号、结束桩号、天线行走的方向和过程，记录表格执行附录 C 中表 C.1.2；

d）回放检测结果图像，保证采集数据准确无误。

6.3 检测数据处理及成果提交

6.3.1 按 5.5 节进行图像解析，提取检测线中清晰完整的钢筋数据，统计钢筋间距、混凝土保护层厚度值，分别整理形成检测结果图或表。

6.3.2 点检测法钢筋间距成果

a）提取每一根钢筋位置数据值，填写检测成果表，见附录 B 中表 B.1.1～表 B.1.3。

b）计算合格点、不合格点及合格率。

c）所有检测点全部列出，合格率 90% 及以上为合格。

6.3.3 点检测法钢筋混凝土保护层厚度成果

a）提取每一根钢筋位置数据值，填写检测结果表，见附录 B 中表 B.1.4、表 B.1.5。

b）计算合格点、不合格点及合格率。

c）所有检测点全部列出，合格率 90% 及以上为合格。

6.3.4 线检测法钢筋间距成果

a）提取每一根钢筋位置数据值，统计最大值、最小值、平均值及合格率。填写检测成果表，见附录 B 中表 B.1.6。

b）钢筋间距平均检测值应按下式计算：

$$s_{m,k} = \frac{\sum\limits_{k=1}^{n} s_k}{n}$$
（6.3.1）

式中　$s_{m,k}$——钢筋平均间距，精确至 1 mm；

　　　s_k——第 k 个钢筋间距，精确至 1 mm；

　　　n——钢筋数量，根。

6.3.5 线检测法钢筋保护层厚度成果

a）提取每一根钢筋保护层的数据值，统计最大值、最小值、平均值及合格率。填写检测成果表，见附录 B 中表 B.1.7。

b）钢筋保护层厚度平均值应按下式计算：

$$s_{m,i} = \frac{\sum\limits_{i=1}^{n} s_i}{n}$$
（6.3.2）

式中 $s_{m,i}$ ——钢筋保护层厚度平均值，精确至 1 mm；

　　　 s_i ——第 i 个钢筋保护层厚度值，精确至 1 mm；

　　　 n ——钢筋数量，根。

6.4 检测成果评价

6.4.1 点检测法，钢筋间距及保护层厚度均可执行 SL 734 和 SL 632 中的规定，各个单值与设计值比较，在允许偏差范围内，合格率90％及以上为合格。

6.4.2 线检测法，钢筋间距可执行 JGJ/T 152 的规定，平均值与设计值比较，在允许偏差范围内为合格；保护层厚度可执行 SL 632 表4.4.2－1 中的规定，各个单值与设计值比较，在允许偏差范围内，合格率90％及以上为合格。

7 内部缺陷检测

7.1 一般规定

7.1.1 本章适用于检测水工结构混凝土内部缺筋、不密实区、夹层、空洞等。

7.1.2 测线经过的表面应相对平缓，无障碍，易于天线移动。

7.1.3 测区内不应有大范围的金属构件或无线电射频源等较强电磁干扰。

7.2 检测方法

7.2.1 应根据检测的缺陷深度和现场具体条件，选择相应频率的天线。在满足检测深度要求时，宜使用中心频率较高的天线。

7.2.2 记录应包括文件名称、测线号、测试位置、方向、标记间隔以及天线中心频率等。

7.2.3 测线布置应符合下列要求：

　　a) 以天线及人员便于行走的方向布线为主，以天线行走较难的方向布线为辅。

　　b) 测线的范围，一般限于检测方案的测区范围。在测区边界段发现异常时应对异常做追踪测量，适当增加辅助测线。

　　c) 隧洞曲面类宜五线法布置，分别为左边墙（左拱脚）、左拱肩、正顶拱、右拱肩、右边墙（右拱脚）。

　　d) 板、墙平面类宜一线法布置，以能识别缺陷范围为宜，适当追踪。

7.3 检测数据处理

7.3.1 按5.5节进行图像数据处理。

7.3.2 提取缺陷反射波组数据，标注里程桩号及埋深。

7.4 检测成果提交

7.4.1 检测成果可根据实际需要提交典型雷达图或检测成果表，可执行附录 B 中表 B.1.8。

7.4.2 检测成果评价可执行 SL 436 中3.3.3的规定，未发现明显质量缺陷、振捣不实、空洞、夹层、脱空。

8 厚度检测

8.1 一般规定

8.1.1 本章适用于检测低屏蔽或无屏蔽的混凝土厚度（衬砌厚度、底板厚度、路面厚度）。

8.1.2 测线经过的表面应相对平缓，无障碍，易于天线移动。

8.1.3 测区内不应有大范围的金属构件或无线电射频源等较强电磁干扰。

8.1.4 喷射混凝土厚度宜采用无屏蔽材料光面平板支撑天线扫面检测。

8.2 检测方法

8.2.1 应根据检测面范围实际条件,选择相应频率的天线,一线法布置测线,可左侧、中间、右侧选其一布线。在满足检测深度要求时,宜使用中心频率较高的天线。

8.2.2 记录应包括文件名称、测线号、测试位置、方向、标记间隔以及天线中心频率等。

8.2.3 测线布置应符合下列要求:

   a) 有代表性。

   b) 厚度界限明显处。

8.3 检测数据处理

8.3.1 按 5.5 节进行图像数据处理。

8.3.2 提取层位反射波组数据,标注里程桩号及位置。

8.4 检测成果提交

8.4.1 应提交典型雷达图或检测成果表。提取厚度值,统计最大值、最小值及平均值。可执行附录 B 中的表 B.1.9。

8.4.2 检测成果评价可执行 TB 10223 中 6.0.2 节的规定,测线较长时,以 1 m 为单位提取检测值,测线较短时,以 1 cm 为单位提取检测值,提取的检测值与设计值比较,厚度检查点相对误差小于 15% 为合格,合格的检查点数量大于总检查点数量的 90% 为合格。

附录 A
（资料性附录）
典型雷达检测成果图

A.1 混凝土中钢筋布置检测典型图见图 A.1.1。

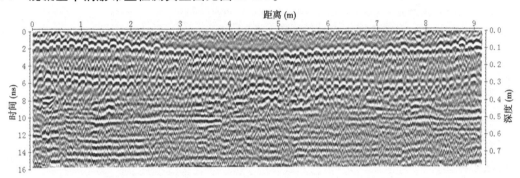

图 A.1.1

A.2 混凝土内部缺陷典型图见图 A.2.1 和图 A.2.2。

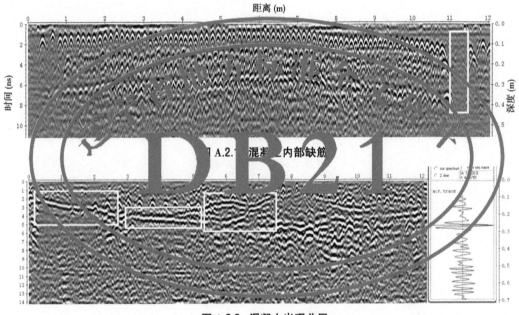

图 A.2.2 混凝土出现分层

A.3 混凝土背部脱空见图 A.3.1。

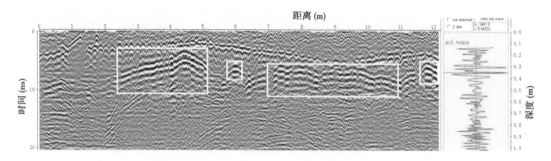

图 A.3.1　混凝土背部脱空

A.4　路面厚度见图 A.4.1 和图 A.4.2。

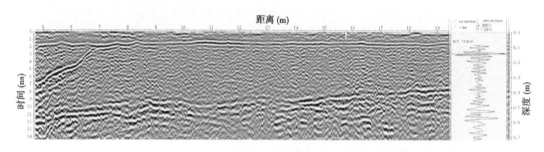

图 A.4.1　路面厚度

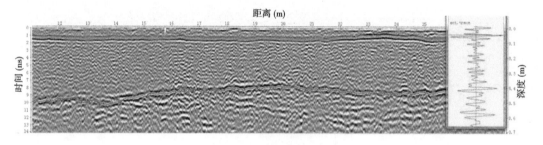

图 A.4.2　路面厚度

附录 B

（资料性附录）

钢筋布置雷达法检测成果表

表 B.1.1　钢筋间距检测结果表（点检测法）

序号	位置	设计值	标准允许偏差	钢筋间距检测值（mm）						备注
				1∪2	2∪3	3∪4	4∪5	5∪6	6∪7	
合格点										
不合格点										
合格率										

表 B.1.2　钢筋间距检测结果表（点检测法）

序号	位置	设计值	标准允许偏差	钢筋间距检测值（mm）						备注
				1∪2	2∪3	3∪4	4∪5	5∪6	6∪7	
合格点										
不合格点										
合格率										

表 B.1.3 钢筋间距检测成果表（点检测法）

序号	位置	设计值	标准允许偏差	检测结果值（mm）						合格点	不合格点	合格率	备注
				1∪2	2∪3	3∪4	4∪5	5∪6	6∪7				
合格点													
不合格点													
合格率													

表 B.1.4 钢筋混凝土保护层厚度检测结果表（点检测法）

序号	位置	设计值	标准允许偏差	检测筋的保护层厚度（mm）							备注
				1	2	3	4	5	6	7	
合格点											
不合格点											
合格率											

表 B.1.5 钢筋混凝土保护层厚度检测结果表（点检测法）

序号	位置	设计值	标准允许偏差	检测筋的保护层厚度（mm）							备注
				1	2	3	4	5	6	7	
合格点											
不合格点											
合格率											

表 B.1.6 钢筋间距检测结果表（线检测法）

序号	位置	测线长度	钢筋数量		标准允许偏差	钢筋间距检测值（mm）			合格率	备注
			设计值	检测值		最大值	最小值	平均值		
总合格率										

表 B.1.7 钢筋混凝土保护层厚度检测结果表（线检测法）

序号	位置	测线长度	钢筋数量		标准允许偏差	保护层厚度检测值（mm）			合格率	备注
			设计值	检测值		最大值	最小值	平均值		
总体合格率										

表 B.1.8 混凝土厚度检测结果表

序号	检测方向	桩号	部位	混凝土内部异常情况	测线长度（m）	异常范围（m）	异常情况所占比例	备注

表 B.1.9 混凝土厚度检测结果表

序号	检测方向	桩号	部位	测线长度	设计厚度	实测厚度（cm）			备注
						最大值	最小值	平均值	

附录 C
（规范性附录）
雷达现场检测原始记录表

表 C.1.1 钢筋布置雷达法检测原始记录表（点检测法）

项目编号　　　　工程名称　　　　　　　　　　　　　　　　第　页 共　页

构件名称		开工日期		竣工日期	
设备名称			驱动名称		
测区名称			检测内容		
介电常数			波速		
文件名称					

方向	钢筋直径	钢筋间距	保护层厚度	混凝土强度	混凝土厚度	介电常数	波速

检测位置	起点		方向		终点		

测试线	测试线1	测试线2	测试线3	检测线	检测线1	检测线2	检测线3
文件名称				文件名称			
测线长度				测线长度			
外观				外观			
验证值				验证值			

示意图：

检测日期　　　　年　　月　　日　　　　　　校核　　　　　　　　检测

表 C.1.2 钢筋布置雷达法检测原始记录表（线检测法）

项目编号		工程名称					第 页 共 页	
构件名称			开工日期				竣工日期	
设备名称					驱动名称			
测区名称					检测内容			
介电常数					波速			
文件名称	检测位置	检测桩号	钢筋数量	直径和间距	钢筋层数	保护层厚度	混凝土强度等级	混凝土厚度

示意图

检测日期_____年___月___日　　　　校核_____　　检测_____

本规程用词说明

标准用词	严格程度
必须	很严格，非这样做不可
严禁	
应	严格，在正常情况下均应这样做
不应、不得	
宜	允许稍有选择，在条件许可时首先应这样做
不宜	
可	有选择，在一定条件下可以这样做

辽宁省地方标准

DB21/T 3217—2019

水工混凝土雷达法检测
应用技术规程

条文说明

目　次

1 总则

雷达法检测技术在水利工程质量检测中已得到了广泛的应用。雷达法是无损检测方法,为在混凝土结构质量检测中正确使用该技术,提高现场检测工作质量、数据分析的科学性与合理性,确保检测工作质量,更好地促进该方法的应用与推广,制定本规程。

规定了本规程的适用范围。目前工程实践、实验室试验与理论分析,认为雷达法检测技术较为成熟的检测项目有:混凝土结构体中的钢筋数量、钢筋间距、钢筋的混凝土保护层厚度、混凝土内部振捣不实、衬砌厚度、路面厚度、闸底板厚度、混凝土背部脱空、混凝土内预埋的管线、电缆、观测设施等。

2 规范性引用文件

阐述了有关雷达法检测的主要技术规程及本规程的出处。遵循协调一致、互相补充、避免技术矛盾或冲突的原则。雷达法现场检测时,除应符合本标准的规定外,尚应符合国家现行相关技术标准。

4 符号

s_{mi} 与 s_i 以 mm 为单位,指雷达法检测结果能达到毫米级,根据工程实际情况确定是否采用雷达法检测。如果添加垫块检测,依据 JGJ/T 152 要求应达到 0.1 mm。

5 基本规定

5.1.1~5.1.4 检测工作程序

雷达法检测结果的可靠性除与雷达系统的配置有关外,还受检测环境条件和检测人员经验的制约。充分了解被检测对象的基本资料,如设计文件、施工图、施工记录、竣工验收及原材料检测、混凝土检验报告、工程变更、修复、处理等相关资料,调查现场工作条件与环境,以便选用适宜的检测方法和制定全面、合理的检测方案,有利于现场检测和数据分析工作。如已有的埋设物位置、方向及电特性等,初步判断已有环境条件对检测数据的影响。

如不能亲临现场调查,可参考现场照片考虑现场可能的影响因素。

5.2.1~5.2.2 检测方案编制

检测方案是指导性文件,检测方案应尽可能详尽和明确,具有可操作性。另外,委托单位或运行管理单位对检测工作配合的钻孔、登高作业等也需要履行必要的审批程序,检测方案是审批的重要依据。

5.3.1 雷达系统校准装置

依据 JGJ/T 152 中附录 C 与 SL 713 附录 B 中雷达仪的校准方法、技术要求出发,结合水工混凝土建筑物现场实际常用钢筋网布置及混凝土厚度 200~1 000 mm 不等的混凝土研发,涵盖了规程中的尺寸及现场实际缺陷等多种组合。

5.3.2 雷达系统组成

完整的雷达系统主要由雷达主机、天线(发射天线和接收天线)、数据采集与数据采集及分析处理三部分组成。

5.3.3 雷达系统技术要求

雷达法为间接检测方法,设备部件较多,设备稳定性、连接可靠性等多种因素均可能影响检测结果。因此,雷达检测系统的使用应在其准确有效期内使用;各厂家生产的产品,其参数设置、设备性能、分析软件等有较大差异,为保证检测数据的有效性,规定了仪器设备应具有的基本条件。

a) 信噪比:对于空气耦合天线,将雷达天线放在方形钢板上方,钢板尺寸至少是天线尺寸的 4 倍以上,开启雷达系统,记录 100 个反射波形。对于地面耦合天线,则应用水作为耦合介质。均用如下公式评价信噪比水平：

$$信噪比水平 = \frac{信号水平（信号波幅）}{噪声水平（噪声波幅）}$$

取此 100 条波形的平均水平作为信噪比水平。其中，噪声水平取单道子波到一半时间窗口间的最大波幅，时间窗口长度取天线中心波长的 20 倍；信号水平取金属反射波幅或水反射波幅。

b）信号稳定性：信号稳定性同信噪比，记录信号采集时的 100 个反射波形，利用如下公式评价信号稳定性：

$$K = \frac{A_{max} - A_{min}}{A_{avg}}$$

式中　K——信号稳定性水平；

A_{max}——100 个反射波幅中的最大值；

A_{min}——100 个反射波幅中的最小值；

A_{avg}——100 个反射波幅中的平均值。

c）雷达系统的 A/D 转换动态位数为模数转换精度，要求不低于 16 位。

e）雷达系统的时基精度即设备自身时间基准的精度。时间基准精度越高，检测结果准确性越好。

f）雷达系统的主机分辨率不同于天线分辨率。主机分辨率高于天线分辨率。雷达主机最大扫描速度越大，其高速扫描时水平分辨率越高，主机脉冲重频率越大，其实现高速扫描的能力越强。

h）雷达测距误差越小，表示其尺寸检测结果精度越高，雷达法检测结果受介质相对介电常数和天线中心频率影响较大，该误差适用于天线中心频率大于 200 MHz 的检测结果。

5.3.4　雷达天线的选择

天线中心频率的选择直接影响到工程检测项目的检测效果，常用的雷达天线频率范围为 15 MHz ~ 3.0 GHz，目前最高已接近 5.0 GHz，其中低频段可用于较大深度的地质探测，混凝土结构体检测，天线的频率主要集中在 200 MHz 以上的高频段，因此正确、合理地选择天线的中心频率至关重要。不同的雷达天线，主频不同，波在介质中的衰减不同，发射的功率也不同，其探测的深度存在很大的差别。因此，天线中心频率的选择需要兼顾目标体深度、目标体最小尺寸及天线的尺寸是否符合检测场地的要求。常规来说，在满足检测深度要求时，尽量使用中心频率较高的天线。雷达天线中心频率选取的经验公式中，垂直分辨率可取 $x = \lambda/2$，λ 为理论雷达波波长，实际波速以标定为准。

混凝土内部缺陷、厚度检测天线频率范围宜为 400 ~ 1 600 MHz；钢筋布设检测宜为 900 ~ 2 000 MHz。

5.3.5　参数选择

a）~ b）介质的相对介电常数由介质的电性决定，同一种介质在不同地方差别很大。例如，混凝土的介电常数主要受混凝土的湿度影响，不同湿度的混凝土会有不同的介电常数。干混凝土的介电常数为 4 ~ 10，电磁波速度为 0.09 ~ 0.15 m/ns；湿混凝土的介电常数为 10 ~ 20，电磁波速度为 0.07 ~ 0.09 m/ns。介电常数和电磁波速度一般在现场常采用钻取芯样试验标定较可靠。

c）时窗长度决定了雷达系统对反射回来的雷达波信号取样的最大时间范围，即图像上显示的探测深度。一般选取探测深度为目标深度的 1.5 倍，主要考虑实际电性的变化、电磁波速度变化，为目标体深度变化留有富余量。

d）每道雷达波最小采样点数是每道波形的扫描样点数。雷达仪器均有多种采样点数供实测选择，例如每道波形可有 128、256、512、1 024、2 048 等五种采样点数。为保证在一定条件下，每一道波有 10 个采样点，扫描点数应满足：扫描样点数 ≥10 时窗长度×天线频率。例如 1 600 MHz 天线，20 ns 时窗长度，要求扫描点数应大于 320 点/道，可以选择 512。

　　e）时间采样率是记录单道反射波采样点之间的时间间隔。选取前提是保证天线较高的垂直分辨率。由尼奎斯特（Nyquist）采样定律，即采样频率至少要达到记录反射波中最高频率的 2 倍。对大多数雷达系统，频带与中心频率之比大约为 1∶1，即发射脉冲能量的覆盖范围为 0.5～1.5 倍中心频率，这就是说，反射波的最高频率大约为中心频率的 3 倍，为使记录更完整，建议采样率为天线中心频率的 6 倍。实际操作中，需经过现场试验，以能达到清晰有效地反应被测目标体为宜。

　　f）移动速率由扫描速度衍生，是在连续探测时雷达系统每秒钟记录一定数目的扫描信息，表面测点的多少取决于天线的移动速度，移动速度的变化体现移动速率。天线的移动速度主要受雷达主机性能、道间距、采样率等参数的影响。一般情况下，扫描速度越大，在相同道间距和采样率设置下，雷达天线移动的速度可以越快，天线的移动速度因不同型号雷达性能不同而有所差异。扫描速度确定后，可根据目标体尺度决定天线的移动速度，估算移动速度的原则是要保持最小探测目标体内至少有 20 条扫描线。例如扫描速度为 64 Scans/s，最小探测目标体尺寸为 10 cm，天线移动速度要小于 32 cm/s。

5.4.1　探勘现场，查看外观，尽量避开干扰，得到更清晰的第一手基础资料。

5.4.2　系统连接，确保仪器正常，保证采集到准确的信息。

5.4.3　常用的准确的波速标定方式之一，末标定准确的波速，后期分析虽然也可以理论分析，但数据量大，操作烦琐，现场标定较直观，易被各参加方接受。但局部破损，需修复。

5.4.4　合理有序的检测，利于缺陷分析与定位的准确、可靠，而杂乱的检测和较多的干扰则易造成判断失误。

5.4.5　雷达法检测常规上适合大面积、数据较多的情况。准确的记录、合理的外观描述以及规避干扰能保证准确地查找异常位置，便于后期处理。

5.5.1　现场检测后应立即查看原始检测数据是否完整，采集的是否正确。

5.5.2　原始检测记录可以修改，但是必须修改者本人签字。

5.5.3　数据处理选择以异常更清晰，位置更准确为目的，各种滤波方式和处理方式均以此为统一目的。

5.5.4　经典的验证图像、经验累积图像、各测线的统一规律图像、设计资料等相关联的信息是判断的依据。

5.5.5　雷达是一种机器设备，接收来自外界的各种干扰信息，对其他相关联的信息的排除至关重要。

5.6.1　给出了雷达法检测应提交的成果类型，供委托方参考选择。

5.6.2　阐述了点检测法应给出的具体内容，便于评定。

5.6.3　阐述了线检测法应给出的具体内容，便于评定。

6　钢筋布设检测

6.1.1　钢筋布设检测的具体项目，其他雷达可以识别的可以参照使用。但雷达设备更新换代较快，目前已出现可持式三维雷达，本检测方法不应用该设备。

6.1.2　对有设计资料和无设计资料的情况，雷达法该如何应用的具体介绍。

6.1.3　测线布置宜垂直要探测的目标体，增强分辨能力及提高精度，并非不完全垂直而不能分辨。验证时尽量不要损伤目标体，采用更精准的设备量测，比对雷达法检测的精度。

6.1.4　遇到特殊情况时，应该如何验证。

6.2.1 针对检测方案采用测区申报时研制的检测方法，明确了具体的检测步骤，内容既满足 GB 50204 评定标准，也满足 SL 632 钢筋制作与安装的检测标准。

6.2.2 针对检测方案采用检测单元申报时研制的检测方法，明确了具体的检测步骤，在一个检测单元内布设一条测线，测线长度根据实际情况确定。评定来源引申于 JGJ/T 152。

6.3.1 钢筋布设检测成果提交的内容，本规程提出了具体的表格及提交内容，便于检测成果统一、规范。

6.3.2 点检测法，钢筋间距检测成果提交的具体形式及评价方法。

6.3.3 点检测法，保护层厚度检测成果提交的具体形式及评价方法。

6.3.4 线检测法，钢筋间距检测成果提交的具体形式及评价方法。

6.3.5 线检测法，保护层厚度检测成果提交的具体形式及评价方法。

6.4.1 点检测法，钢筋间距及保护层厚度检测成果评价方法来源。

6.4.2 线检测法，钢筋间距及保护层厚度检测成果评价方法来源。

7 内部缺陷检测

7.1.1 雷达法检测适用范围。

7.1.2 检测面要求。

7.1.3 尽量减少干扰，提高分辨率。

7.2.1 内部缺陷检测的天线选择需要结合多种因素来确定，因此给出的是宏观概念。

7.2.3 测线布置以能识别缺陷为准，常规是这些内容。

7.4.1 本规程的创新，给出了水工混凝土的典型雷达图及经验型表。

7.4.2 评定建议参照 SL 436，实际在行标规范 SL 713 和 TB 10223 中也有类似评定，是密实，不密实，脱空。从无损检测保守角度考虑，建议采用 SL 436 的规范术语及实际经验。

8 厚度检测

8.1.1 厚度并非本规程提到的这些厚度，类似的厚度也可以使用雷达来检测，只要不是高导体，例如钢板的厚度，不可以。

8.1.2 实际雷达检测时，最适宜表面相对平整的物体，不平整也可以检测，但增加了很高的难度，这样就降低了分辨率，提高了分析的难度，所以对检测面这样要求。

8.1.3 强电磁对雷达有很高的干扰，为了避免判断失误，提高精度和准确性，提出此条。

8.2.1 参照执行 SL 436 堤防检测内容及经验总结。

8.2.2 记录越详细越有利于资料分析的准确性，为了减少失误，提出了此条。

8.3.2 有清晰、好分辨的层位是无损检测的优势，更是资料准确性的标志。

8.4.1 可以选择性地给出雷达图或者提交资料性成果表，便于检测后结果的汇报。

8.4.2 厚度检测结果评定目前有 TB 10223 和 GB 50204 形体尺寸偏差，鉴于铁路隧道与水工隧洞相似性更高，因此采用 TB 10223 的评定内容。

附录 A

A.1 双层钢筋检测典型雷达成果图。

A.2.1 和 A.2.2 混凝土内部缺陷典型雷达成果图。

A.3 混凝土背部脱空典型雷达成果图。

A.4 路面厚度典型雷达成果图。

附录 B

B.1.1 为以测区命名，按点检测法检测，一个检测项目只有一个检测单元，并布置了一个测区的钢筋间距的检测结果表。表中涵盖 18 个钢筋间距值。统计出 18 个点值中的合格点及不合格点，计算得出一个测区的钢筋间距合格率。序号列填写的是对应的检测线数据。

B.1.2 为以测区命名，按点检测法检测，一个检测项目只有一个检测单元，但布置了多个测区的钢筋间距的检测结果表。表中涵盖了 18 个点值以上的钢筋间距值，统计了一个检测单元的合格点及不合格点，计算得出多个测区的钢筋间距合格率。具体点数值为测区数与 18 个点值的乘积。序号内填写的是对应测区内数据。合格点、不合格点及合格率均为一个检测单元内数据。

B.1.3 为以测区命名的按点检测法检测，一个项目有多个检测单元，并且每个检测单元只布置了一个测区的钢筋间距检测结果表。例如多个检测单元可能是左右边墙、左右墩、底板、左右拱肩、不同桩号等相关的检测单元。多个检测单元，每个检测单元布置了一个测区或不同多个测区，可参照附录 B 中表 B.1.3 执行。

附录 C

C.1.1　钢筋布置雷达法检测原始记录附录 C 中表 C.1.1（点检测法）

项目编号：可是标段、洞号、左岸、右岸；构件名称可为左边墙、右边墙、翼墙、底板等；设备名称可为哪个厂家雷达设备；驱动名称可为对应测试文件的驱动设置文件；测区名称为该文件名称；文件名称为该测区测试的所有文件的名称；测试线为确定干扰筋的方向；检测线为确定待测筋的方向及检测结果；文件名称为每条测线对应的检测结果所标识的唯一线名称；测线长度为检测结果图像长度；外观为检测面外观情况，例如，粗糙情况、含水情况、天线行走过程情况；验证值为可全部验证实际深度，至少验证一处深度值确定相对介电常数或实际波速。示意图为现场测试线及检测线的示意位置，便于核实结果。见证签字为在检测现场的相关方人员见证签字。此表对于点测检测单元使用较为方便。

C.1.2　钢筋布置雷达法检测原始记录附录 C 中表 C.1.2（线检测法）

项目编号：可是标段、洞号、左岸、右岸；构件名称可为左边墙、右边墙、翼墙、底板等；设备名称可为哪个厂家雷达设备；驱动名称可为对应测试文件的驱动设置文件；测区名称为该文件名称；文件名称为该测区测试的所有文件的名称；检测位置为左侧或右侧，桩号起止点，该段内钢筋根数、直径、间距、钢筋层数、保护层厚度等级，混凝土强度，混凝土厚度等相关设计资料。示意图为整体检测示意图，宜按同方向，整体趋势绘制。